O velho cantador

EDITORA Labrador

ANDRÉ LOBO

O VELHO CANTADOR

Copyright © 2021 de André Lobo
Todos os direitos desta edição reservados à Editora Labrador.

Coordenação editorial	*Preparação de texto*
Pamela Oliveira	Maurício Katayama

Assistência editorial
Larissa Robbi Ribeiro

Revisão
Laila Guilherme

Projeto gráfico, diagramação e capa
Amanda Chagas

Imagens de capa
Unsplash (Alaeddin Hallak; Samuele Giglio; Marco Chilese)

Dados Internacionais de Catalogação na Publicação (CIP)
Jéssica de Oliveira Molinari - CRB-8/9852

Lobo, André
  O velho cantador / André Lobo. — São Paulo : Labrador, 2021.
  64 p.

Bibliografia
ISBN 978-65-5625-189-9

1. Ficção brasileira 2. Autoconhecimento 3. Filosofia I. Título

21-4100   CDD B869.3

Índices para catálogo sistemático:
1. Ficção brasileira B869.3

Editora Labrador
Diretor editorial: Daniel Pinsky
Rua Dr. José Elias, 520 — Alto da Lapa
05083-030 — São Paulo/SP
+55 (11) 3641-7446
contato@editoralabrador.com.br
www.editoralabrador.com.br
facebook.com/editoralabrador
instagram.com/editoralabrador

A reprodução de qualquer parte desta obra é ilegal e configura uma apropriação indevida dos direitos intelectuais e patrimoniais do autor. A Editora não é responsável pelo conteúdo deste livro. O autor conhece os fatos narrados, pelos quais é responsável, assim como se responsabiliza pelos juízos emitidos.

*Dedico esta obra à minha mãe,
Maria Adriana Machado Lobo e Silva,
e à memória de meu pai,
Francisco Ricardo Lobo e Silva.*

SUMÁRIO

Nota do autor _____ 9

CIÊNCIA E CONSCIÊNCIA

Infinito _____ 13

Tempo _____ 17

Trabalho _____ 25

Espiritualidade _____ 31

Amor _____ 35

HISTÓRIA E ESTÓRIA

Pré-História _____ 41

Extinção _____ 47

Interestelar _____ 51

Final _____ 55

Bibliografia básica _____ 59

Videografia básica _____ 61

NOTA DO AUTOR

A presente peça se constitui de uma obra de Arte e deve ser vista como tal. Assim como Isaac Newton e Albert Einstein se apoiaram em ombros de gigantes, é desnecessário dizer que reverencio a todos aqueles que vieram antes de mim e zelosamente me passaram a jarra do conhecimento. Agradeço ao astrofísico Neil DeGrasse Tyson, à cosmóloga Janna Levin e, especialmente, à professora Lúcia Helena Galvão, cujas palestras de filosofia que tanto me inspiraram encontram-se disponíveis gratuitamente na internet.

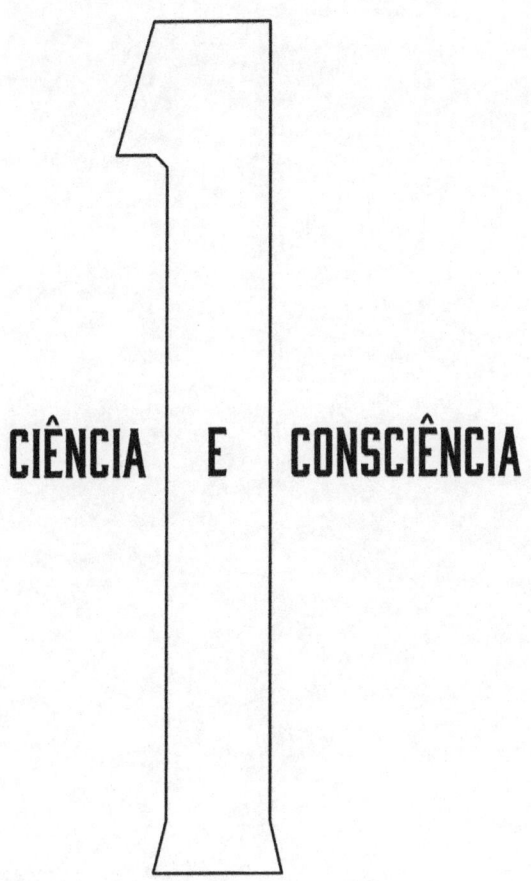

CIÊNCIA E CONSCIÊNCIA

CAPÍTULO 1 INFINITO

— Nosso universo é o lado de dentro, ou uma espécie de avesso geométrico, algum tipo de buraco negro. A borda do Universo e o horizonte de eventos de um buraco negro são a mesma coisa vista de dois pontos diferentes. Do ponto de vista do lado de fora do buraco negro, a singularidade é o seu futuro; do ponto de vista do lado de dentro dele, a mesma singularidade está no passado, isto é, o Big Bang. Existem inúmeros tipos de buraco negro, de dimensões quânticas a dimensões astronômicas, e diferentes maneiras de formá-los: seria nosso universo um tipo muito específico de buraco negro, uma espécie de buraco branco? — perguntou o Velho Cantador ao garoto Kevin.

O garoto de quinze anos, embora andasse a chutar latas e passasse a maior parte do tempo a se preocupar com coisas comuns a todos os meninos de sua idade, também tinha algo de contemplativo que era só seu, um senso de justiça e um gosto pela reflexão que não são próprios de jovens de sua faixa etária.

Ficou a refletir e contemplar o Velho por algum tempo. Bruno Kevin era praticamente um livro em branco — apenas as primeiras linhas haviam sido escritas. Tinha no olhar um brilho que lembrava as aves de rapina, com uma profundidade espiritual capaz de neutralizar ou intimidar, quer fosse presa ou predador. Ultimamente gostava de passar as tardes de quinta-feira a ouvir o que tinha a dizer seu Oriovistes, o Velho Cantador, como era conhecido, que continuava:

— Por muito tempo, duvidou-se que existiria na natureza alguma coisa que tivesse a propriedade matemática do infinito, porém o caso é exatamente esse. Singularidades são pontos de densidade infinita. E o que sabemos sobre o infinito? Pois bem, sabemos que existem inúmeros tipos de infinito, uns maiores e outros menores. Intuímos, por exemplo, que a somatória de todos os números naturais inteiros (1 + 2 + 3 + 4 + 5...) resulta em infinito. Se somarmos infinitos números 1 (1 + 1 + 1 + 1 + ...), chegaremos ao mesmo resultado infinito da primeira série, porém com muito mais elementos. Agora, se somarmos $1 + 1\backslash 2 + 1\backslash 4 + 1\backslash 8 + 1\backslash 16 + 1\backslash 32 + \ldots$ até o infinito, como o denominador cresce no fator dois, o elemento, sendo somado, tende a zero muito rápido, e, mesmo somando todos os infinitos elementos possíveis, o resultado será 2. Portanto, assim como buracos negros e singularidades, os infinitos matemáticos também são distintos entre si. A característica intrínseca a qualquer infinito parece ser a capacidade de criar outros infinitos dentro de si.

"Assim como nossas pupilas são pequenos buracos negros que engolem a luz e a projetam no fundo de nossa mente, de dentro pra fora, são o abrigo de nossa consciência. Buracos negros são como olhos de Deus no cosmo. No Universo há trilhões de buracos negros, assim como há trilhões de seres animados; cada um deles é um universo em si, e todos estão dentro do nosso Universo, que não é senão um dentre outros trilhões, e assim sucessivamente, em todas as direções e escalas imagináveis.

"Sendo infinito, todo fim é sempre um recomeço. No fim dos tempos, depois que todas as estrelas tiverem morrido, o Universo terá apenas galáxias zumbis, constituídas de buracos negros orbitando outros buracos negros maiores. Até que o último buraco negro sobrevivente "evapore"[1], a última partícula de seu horizonte de eventos expondo finalmente a singularidade, ou seja, o Big Bang, e começamos tudo novamente... De qualquer forma, um Éon[2] do Universo é simplesmente a vida do lado interior de um tipo especial de buraco negro.

"Quando dividimos o tamanho do comprimento de uma circunferência pelo seu raio, obtemos o valor infinito conhecido como π (pi). Essa relação circular entre a natureza e o infinito parece estar presente em tudo. Como fractais matemáticos, a verdadeira essência da natureza vai se revelando e se desdobrando em si mesma à medida que conseguimos compreendê-la. Nas canções, nos bardos, nos textos sagrados, nas mitologias e nas simbologias, busque e estuda profundamente estes assuntos."

---

[1] Referência à radiação Hawking, a radiação emitida pelos buracos negros.

[2] Termo utilizado por Roger Penrose, ganhador do Nobel de Física em 2020.

CAPÍTULO 2 TEMPO

Como mencionado, às quintas-feiras Kevin costumava ficar a ouvir o Velho Cantador, que se sentava com seu violão no banco da praça na esquina da rua onde morava o rapaz. O violão parecia mais uma bengala, um objeto de adorno, pois raramente era dedilhado. Seu Oriovistes tinha a voz soprosa, quase inaudível em decibéis; era chamado de Velho Cantador por chacota das pessoas do bairro.

O jovem, cujo interesse parecia só aumentar, parou, ponderou por um tempo maior do que apenas alguns instantes e então tornou ao Velho:

— Então quer dizer que cabe um Universo inteiro, infinito, dentro de um buraco negro?

— Sim! Por fora parece finito, mas por dentro é infinito. Com uma curvatura infinita há de se ter espaço infinito e tempo infinito, ou seja, a Eternidade. Visto do lado de fora, o espaço interno (que é infinito devido à curvatura infinita) fica finito. Até o infinito tem paralaxe, ou seja, depende do ponto de vista — respondeu o Velho, já emendando: — O Universo é uno, as dualidades são polaridades da mesma coisa, os opostos são idênticos em natureza e diferentes em grau, escala e intensidade, os extremos se tocam. Futuro e passado, calor e frio, luz e trevas, positivo e negativo, amor e ódio são pontos distantes da mesma reta, tudo é vibração e harmonia da mesma coisa.

"Assim como energia e matéria guardam uma relação de igualdade, espaço e tempo também. Fazendo o comparativo, um grama de matéria é de fato igual a uma grande quantidade de energia que está de alguma forma ali condensada, organizada ou desacelerada. O mesmo pode-se dizer do tempo e espaço, significando que um segundo pode ser de fato desdobrado em uma enorme quantidade de espaço vácuo 3D. A luz, portanto, não tem velocidade; sua velocidade no vácuo é uma propriedade compartilhada pelo espaço-tempo.

"É contraintuitivo pensar que não há dualidade entre tempo e espaço, que são em realidade a mesma coisa. Onda e partícula são modos e escalas de se perceber a mesma coisa. Hoje é o sonho de ontem e a memória de amanhã, já diziam os poetas. A luz acessa o mundo das ideias como onda, e a razão estrutura o mundo das ideias como partícula para que ela possa se manifestar em nosso mundo. Os sentimentos acessam o SER e o pensamento projeta o SER no mundo sensível.

"Provinda dos povos antigos, nossa divisão do tempo em horas, minutos e segundos, embora eficiente, é uma convenção bastante arbitrária, pois poderíamos dividir o dia em 10 ou 20 partes iguais em vez de 24, as horas em 100 partes em vez de 60, por exemplo. Quando o tempo solar e dos astros foi substituído pelo tempo mecânico do relógio, confundiu-se inclusive o tempo biológico dos seres humanos em função de uma produtividade ilusória.

"A força da gravidade é como a matéria bariônica tentando voltar a ser singularidade, ou seja, querendo voltar no tempo ao Big Bang; o Universo não é senão a singularidade caminhando para o seu futuro frio, e a gravidade é a força que tenta voltar ao passado quente. O que chamam de energia escura é a força que move o tempo adiante, que puxa o futuro, como matéria caindo no horizonte de eventos criando novo espaço-tempo, portanto a expansão. Como uma nota musical que se move meio tom acima por ter sido ligeiramente mais excitada, o que chamam de matéria escura é a mesma matéria sobreposta em diferentes momentos no tempo. Uma maneira simples de pensar é que gravidade e energia escura são as forças do Tempo puxando para o futuro e para o passado, respectivamente. Carlo Rovelli chamaria a gravidade e a energia escura de força quente e força fria, ou força lenta e força rápida."

Kevin ouvira o Velho com especial atenção e interesse naquele dia; sentia que realmente havia profundidade no que seu Osório dizia. O Velho, naquela tarde, parecia os tijolos de um antigo templo de alguma civilização perdida, ou os ossos de alguma múmia em perfeito estado: precisava ter sua história escrita e contada antes que os ventos dos tempos o demolissem por completo. Prosseguia seu Oriovistes com seu raciocínio:

— Pois bem, dito isso, é importante lembrar também que o tempo é relativo e não passa igualmente para todos. Exemplos: se estivéssemos na galáxia de Andrômeda, a 2,5 milhões de anos-luz daqui, e olhássemos para o planeta em que estamos na Via Láctea neste instante, veríamos os hominídeos que viveram há 2,5 milhões de anos; perceba, então, que o "aqui e agora", do ponto de vista de quem está em Andrômeda, é o nosso passado.

"Imaginemos agora dois irmãos gêmeos: o primeiro se tornou piloto profissional e passou a maior parte de sua vida pilotando em altíssimas velocidades; o segundo jamais gostou de velocidade e sempre preferiu andar a pé. Ao final de suas vidas, ao olharmos os dois, o irmão que passou grande parte da vida em altas velocidades estará com aparência física mais jovem do que o outro irmão. De fato, as células do primeiro envelheceram mais devagar devido às altas velocidades experimentadas por longos períodos de tempo, portanto a passagem de tempo é relativa à velocidade.

"Temos ainda o efeito da gravidade no tempo, que é tão forte que os primeiros satélites de GPS lançados tiveram de ser corrigidos por não considerarem que haveria um hiato temporal devido à diferença gravitacional entre a posição dos satélites na atmosfera, com menor gravidade, e o carro guiado pelo GPS na crosta da Terra, com maior gravidade, causando diferença na realidade temporal. O tempo é, pois, relativo ao ponto de vista, à velocidade e à gravidade, no mínimo. A primeira derivação matemática da função do tempo é o espaço, a derivação da função do espaço é a velocidade, e a derivação da função da velocidade é a aceleração. O espaço "vazio" é, portanto, como se fosse um campo das forças temporais.

"Também é importante dizer, Kevin, que, assim como não há a menor unidade de espaço possível, não há a menor unidade de tempo possível, um '*quantum*'[3] de tempo. Os atuais colisores (que provocam colisões) de partículas conseguem medir eventos que ocorrem em torno de 0,000000000000000000000000000000000001 metro. Apesar de muito pequeno, esse espaço não é o final, o último *quantum* de espaço possível; sempre haverá um espaço menor, assim como sempre haverá uma unidade

---

[3] Termo cunhado por Max Planck, físico alemão.

de tempo menor do que a anterior (lembrando que um segundo é igual a mais de 9 bilhões de radiações do átomo de Césio 133).

"É como se, ao tentarmos adentrar uma unidade de espaço ou tempo além dos limites conhecidos, adentrássemos outra dimensão, ou melhor, outras tantas dimensões. No macrocosmo também existem objetos de dimensões tão grandiosas, galáxias, por exemplo, que seus pontos mais distantes (estrelas das pontas) estão separados por uma dimensão supratemporal, isto é, além de um único ponto no tempo. Nossa consciência é da natureza do fóton, capaz de comprimir e relativizar o espaço e o tempo. Por mais que você corra atrás do tempo, nunca o alcançará: ele sempre nos escapa das mãos."

CAPÍTULO 3   TRABALHO

Kevin voltou para casa pensando em tudo que o Velho tinha dito. "Sábio seu Osório", repetia para si mesmo durante os outros dias da semana, ansioso pelo encontro da semana seguinte.

Na porta de sua casa, ainda do lado de fora, Kevin voltou o pescoço para a silhueta da garota do final da rua, de longe, blusa rosa, calça branca, cabelos loiros longos feitos em uma única trança quase até a cintura — a imagem é como uma tatuagem na mente do garoto, ou no coração. Queria conversar com o Velho sobre o que sentia, sobre amor e beleza.

Chegada a quinta próxima, sentiu-se envergonhado de abordar seu Oriovistes para falar de garotas. Decidiu começar o diálogo daquela semana com o que ouvira de seus pais a respeito do que discutira com o Velho:

— Boa tarde, seu Oriovistes. No final de semana falei com meu pai sobre o que me disse a respeito de buracos negros e de como o tempo passa diferente pra cada um, dependendo de diversas variáveis, como conversamos na semana passada, e ele me disse que estava a perder meu tempo, que esses assuntos não levam a lugar nenhum; disse que seria mais proveitoso se estivesse aprendendo a ganhar algum dinheiro com o dono do bar. Quando falei pra minha mãe, ela só respondeu: "O mais importante é seguir seu coração, respeitando os demais".

O Velho parou por um segundo, coçou a longa barba branca, arrumou o chapéu acima dos cabelos também totalmente brancos e disse:

— Tarde, Kevin! Concordo com sua mãe. Concordo com seu pai também. No auge dos meus noventa e nove anos lhe digo: há de trabalhar com amor que não passará um dia apenas de labuta. Quem ama o que faz ama a própria vida. Tudo que podemos oferecer à sociedade são nossos serviços. Um desportista está a prestar um serviço para a sociedade, assim como o açougueiro ou o lixeiro; se o jogador de futebol não puder jogar, fará falta no time, se a empresa de telecomunicação falhar, ficamos sem nos falar, se o lixeiro não passar, nos deparamos com nossa própria imundice insuportável. Não há mais ou menos honra em servir ao próximo, apenas mais ou menos carinho ao fazê-lo.

Kevin era filho de Jorge Augusto Neto e Maria Antonieta Albanez Jorge. Seu Augusto motorista, como era conhecido, era mulato; dona Maria, mestiça venezuelano-brasileira. Bruno Kevin Albanez Jorge tinha os olhos castanho-claros, os traços faciais eram tupi-guarani, a pele clara e os cabelos negros encrespados.

Continuou o Velho:

— Me parece que não há trabalho mais nobre, justo e louvável do que nos debruçarmos sobre as questões mais profundas do cosmo e da filosofia, porém entendo quando seu pai diz que melhor seria ouvir o que tem a dizer o seu Aristides. Os maiores avanços civilizatórios não foram alcançados porque alguém estava pensando em dinheiro, mas em âmago. A realidade é como um machado: quando você a domina, ela o ajuda a abrir o caminho, porém, se lançada com muita violência a outrem, pode ser fatal.

Era dito na vizinhança que o dono do bar, seu Aristides, era sujeito honesto, parecia que nunca tinha saído de trás do balcão da taverna.

Raras vezes Kevin o viu do lado de fora, na rua! Dizem que já foi casado e tem uma filha que não mora com ele.

— Com o que gostaria de trabalhar, menino Inocêncio Kevin? — indagou meio sem jeito o Velho, pois sabia que aquela pergunta dificilmente teria resposta, porém colocaria o garoto a refletir e talvez essa fosse sua máxima contribuição.

— Não sei — respondeu o menino olhando para baixo.

Em verdade, não soube ou não quis dizer. Kevin sabia que queria ser escritor, provavelmente influenciado por seu pai, que sempre contava a mesma história, de como, quando era criança, o pai dele (avô de Kevin) o levou a Brasília para ouvir um discurso de Juscelino Kubitschek, presidente à época, e em tal discurso Juscelino citara Machado de Assis com permanente brilho nos olhos; daí o sonho do garoto de ser aquele cujo nome é merecedor de reconhecimento pelo ocupante do cargo mais importante do país.

— Vou ali no bar do seu Aristides e já volto, seu Ori! — avisou o garoto.

— Como quiser, Kevin! — respondeu o Velho começando a dedilhar levemente seu violão.

— Um refrigerante, por favor, seu Aristides — chegou o menino falando alto no bar da esquina da rua da casa de Kevin.

— Precisa de troco ou vai deixar marcado? — perguntou o dono do bar.

— Pode marcar, minha mãe disse que se meu pai não vier pagar amanhã ela vem no sábado.

— Sei — respondeu o dono do bar com um sorriso de canto de boca.

— Kevin, fala pra ele botar uma água-benta pra mim na conta da dona Antonieta também! — gritou o sempre embriagado seu João Pedro no canto do bar.

— Lógico que não! Não dê bola pro João Pedro, Kevin! — finaliza o dono do bar.

Kevin só observou o diálogo, deu um riso amarelo de quem está sem graça, mas ao mesmo tempo queria dizer algo. Caminhou com seu refrigerante de volta ao banco da praça onde estava sentado o Velho com seu violão.

CAPÍTULO 4 ESPIRITUALIDADE

— Aos noventa e nove anos o senhor não tem medo de morrer, seu Oriovistes? — indagou o garoto, que sempre soubera que o Velho era idoso, porém noventa e nove anos lhe pareceu um número absurdamente alto.

— De maneira nenhuma, Kevin. Temo a dor, faço o que posso para evitar o sofrimento, porém a morte é uma grande amiga. Por causa dela, a vida tem gosto e sentido, tudo que faço é para ter paz. Tenho convicção de que a consciência, enquanto parte da essência infinita da inteligência Suprema da Natureza do Universo, seguirá seu caminho. Antigos xamãs faziam uso de raízes, cipós e cogumelos para se reconectarem com seus antepassados por meio de uma experiência "extracorpórea".

— O senhor tem religião, seu Oriovistes?!
— Não. Tenho espiritualidade.
— O senhor acredita em Deus, seu Oriovistes?

— Não é questão de acreditar, é questão de conhecer. Aquele que é a Verdade Fundamental, a Realidade Substancial, a Essência Celestial, está fora de qualquer denominação. Já foi chamado de Natureza, de Lei, de Pai, de Infinito, de Eterno, de TODO, de UNO, de SER.

"Viver para sempre não é um sonho, é uma realidade, uma realidade da natureza de toda consciência que emana do TODO. Insensatos aqueles que buscam a imortalidade por meio de máquinas digitais. Há algo em nossa consciência que é da natureza dos sonhos. Há algo de fotossensível no âmago de nossa consciência que foge da atual capacidade de observação de nossa neurociência. A escuridão diz que a vida é tão ruim que seria melhor se não houvesse nada. Mas a verdade é que a luz brilha mais forte do que o mais escuro que a escuridão consegue ser.

"A verdadeira imortalidade já era conhecida dos antigos sábios e outros iniciados. A continuidade da consciência e a transmutação mental eram os objetos de estudo daqueles que foram chamados alquimistas. A pedra filosofal não era um mineral físico capaz de transmutar qualquer metal em ouro, mas um elemento simbólico de entendimento da realidade da essência infinita da natureza, transmutando, pois, o homem de chumbo em homem de ouro".

— Quando eu era mais novo, seu Orio, lembro de às vezes me deparar com a pergunta "Por que eu sou eu? Por que eu não sou outro?" — disse o menino.

— Sim! Sua consciência, ainda desacostumada com seus novos sentidos desse corpo, se lembrava do mundo da essência e estranhava o mundo da matéria. Tudo tem consciência. Há níveis de evolução de consciência. Dos minerais, das plantas, dos animais, dos homens e dos seres de mais elevada vibração. Somos seres mentais e vibramos conforme nosso estado de consciência. Somos uma das poucas formas que o Universo tem de se expressar, de se contemplar, de se entender. A vida abunda em nosso Universo, em sua maior parte microbiana — quanto mais complexa, mais rara. Formas de vida conscientes da própria consciência como nós, *Homo sapiens*, são extremamente raras no Universo. Somos tão parte do TODO quanto qualquer outra de suas partes. Não somos mais nem menos. Apenas somos. A vida é a eterna batalha de nossa luz contra a gravidade de nossas sombras. O sentido da vida é simplesmente viver a si mesma.

CAPÍTULO 5   AMOR

— Bip-Bip!! — fez uma sonoplastia de buzina ao passar com sua bicicleta Arthur, morador da vizinhança.

— Opa, perdão! — respondeu Kevin sem perceber que o rapaz quase o havia atropelado.

Depois de ter sido interrompido, o Velho fez uma longa pausa e enfim indagou:

— Me diga, Kevin, quando chegou por aqui hoje não eram esses assuntos que estavam a lhe incomodar. Pode perguntar o que quiser. É sobre uma garota, não é?

Em alguns momentos Kevin sentia como se o Velho conseguisse ler seus pensamentos.

— Como sabe?

— Ora, há sinais de linguagem muito além dos verbais. Entre o canto dos pássaros e a filosofia das baleias, os símbolos são a língua universal. Mas, me diga, quem é a felizarda?

— Ah, não sei nem sequer o nome dela. Ela nem me nota, nem sabe que eu existo... É a garota do final da rua, mas não é só a garota do final da rua, sabe? Quando vejo uma garota que acho linda, fico paralisado, abobalhado... Queria conseguir me aproximar delas... O senhor, que tanto sabe e tanto conhece, seu Oriovistes, o senhor também tem medo de conversar com garotas bonitas?

— Amo todas as criaturas do Universo. Estética é apenas uma das graças das deidades da Beleza. A justiça é bela. A bondade é bela. A honestidade é bela. Belo é o caráter. Bela é a coragem. Bela a bravura de ser doce!

"Percebemos as paixões com toda a sua intensidade, a gente goza na conquista e chora na perda, porém durante a vida do amor conjugal geralmente elas passam desapercebidas. Não tema se aproximar de garotas por serem bonitas, procure se aproximar de pessoas que têm valores e princípios compatíveis com os seus, se afaste, até mesmo tenha temor, dos ingratos, desonestos e de mau caráter.

"Novamente posso recomendar infinitas canções, trovas e odes sobre amor e paixão, porém sei que é um assunto para o qual somente a experiência pode lhe oferecer conselhos mais profundos.

"Eu fui como a árvore que nasceu da semente que o passarinho derrubou, regada pelas águas da chuva e sofrida pelas secas dos invernos. Agora sou como o jardineiro que água as sementes e poda as ervas daninhas. Assim como a semente, você também tem dentro de si todas as propriedades da vida e do esplendor que toca o céu. Falo como quem coloca água na raiz de um ipê!"

Kevin voltou para casa pensando nas palavras e na figura do intrigante velhinho naquele final de tarde de quinta-feira.

HISTÓRIA E ESTÓRIA

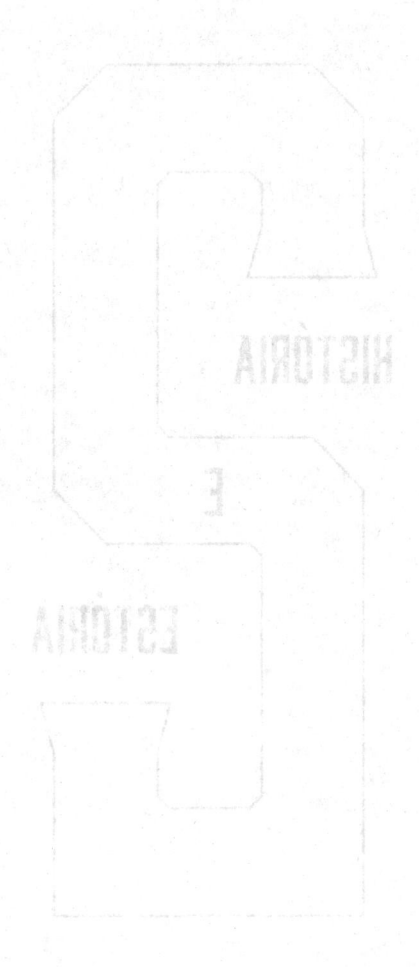

CAPÍTULO 6   PRÉ-HISTÓRIA

Na semana seguinte, após os cumprimentos habituais...

— Há sessenta e seis anos esse banco foi instalado nesta praça. Havia um mendigo que todos os dias se sentava aqui. Não sei que fim tomou. O futuro não pode ser fitado, contemplado como um horizonte. O futuro só pode ser executado, adentrado, com todas as dimensões espaciais. Ao fitar o horizonte, veremos no máximo o passado; o futuro não está em um ponto no horizonte, o futuro é o que seremos e realizaremos onde quer que estejamos — disse o Velho Cantador ao jovem Kevin.

— Seu Oriovistes, o que o senhor pode me dizer sobre de onde viemos? — perguntou o garoto. — Sempre ouço essa pergunta...

— A resposta curta é: viemos das estrelas e para elas voltaremos! De fato, todos os átomos que nos constituem podem ter suas origens rastreadas até os núcleos ou supernovas de antigas estrelas. Porém há uma resposta mais longa. Vou tentar abreviá-la como puder.

"Tudo que existe estava dormente, singularmente comprimido em um único ponto tão incomensuravelmente pequeno que nos chega a ser inimaginável. Então, em um instante, o verbo se fez luz e nasceu nosso Universo! As forças da natureza lutaram como titãs e estabeleceram seus reinos e suas distintas dimensões.

"Nosso planeta Terra nasceu juntamente com a infância de nossa estrela, o Sol, dentre outros oito planetas que formam o que se conhece hoje como sistema solar. O planeta se formou em meio a lava e colisões de outros astros. Quando finalmente houve calmaria, choveu, as moléculas de água que estavam na atmosfera decantaram e houve um enorme dilúvio, formando os oceanos. Nos oceanos algo incrível ocorreu da luz e do verbo: a matéria fez-se vida!

"Como a história geológica da Terra no ensina, este material genético primordial levou bilhões de anos até se estender para fora das águas. Finalmente a terra não imersa tornou-se verde! Atraídos pelos primeiros insetos que habitavam a Terra, a evolução e a vontade fez com que os peixes criassem pernas e pulmões, como salamandras e rãs; os anfíbios dominaram, dando lugar aos répteis, que durante milhões de anos foram o topo da cadeia alimentar terrestre.

"Há milhões de anos viveram nossos ancestrais mais antigos, por assim dizer, os australopitecos, os primeiros primatas hominoides, que surgiram mais ou menos na mesma época dos primeiros chimpanzés primitivos e compartilhavam a mesma ascendência (outros primatas tiveram ramificações genéticas e evolutivas anteriores a esse período, como gorilas e orangotangos). Dispersaram-se pela África inúmeras espécies distintas de australopitecos. Elas viveram e foram extintas. Eram mais macacos do que humanos.

"Da descendência genética deles apareceram as primeiras espécies de hominídeos da família *Homo*, como o *Homo erectus*, por exemplo. Esses hominídeos foram os primeiros a adotar o andar mais ereto, possibilitando-lhes melhor manuseio e porte de ferramentas primitivas de pedra. Eram um pouco maiores e mais robustos que os australopitecos. Embora sua aparência e seu comportamento ainda se assemelhassem mais a um primata do que a um humano moderno, tinham a postura ereta e um cérebro mais evoluído do que seus ancestrais. Viviam em meio à grande fauna de mamíferos da época (mamutes, tigres-dentes-de-sabre, preguiças e tatus gigantes, entre outros) e representavam presas fáceis para predadores mais eficientes. Começaram a se alimentar de restos de caça de outros carnívoros. Utilizavam ferramentas de pedra para separar a carne do osso com maior precisão do que seus antepassados.

"Das primeiras fogueiras feitas, digamos, a partir do galho de uma árvore incendiada por um raio, os hominídeos dominaram o fogo e melhoraram consideravelmente sua dieta, assando e cozinhando seus alimentos. Viviam em cavernas e outros assentamentos de menor longevidade, estavam em constante disputa por territórios, abrigos e alimentos com outros grupos de hominídeos, além de outras bestas caçadoras. Aperfeiçoaram depois utensílios de pedra, de osso e de madeira. Os hominídeos se tornaram, pois, caçadores-coletores seminômades; seus assentamentos dificilmente duravam mais do que uma ou duas estações do ano. Há apenas algumas centenas de milhares de anos evoluímos para espécies mais inteligentes, como o *Homo neanderthalensis* e, posteriormente, o *Homo sapiens*.

"Há mais de setenta mil anos, houve a explosão do supervulcão de Toba, praticamente extinguindo todas as espécies remanescentes de hominídeos. Esses humanos primitivos desenvolveram, devido às adversidades consequentes das constantes mudanças climáticas no planeta, um comportamento mais amistoso e cooperativo. Teve início a verdadeira revolução agropecuária.

"Apareceram então os primeiros rituais fúnebres e as primeiras manifestações artísticas primitivas. Surgiram as protolinguagens, os primeiros agasalhos e sapatos feitos com peles de animais. Foram criados depois os primeiros machados, lanças e arcos e flechas. Nasceram, pois, os protótipos de uma cultura primitiva. Ainda eram seminômades caçadores coletores, no entanto apareceram os primeiros indícios de transações comerciais amigáveis, inter-relação entre pequenos grupos que se auxiliavam, principalmente os da espécie *Homo sapiens*.

"O nomadismo ou seminomadismo começou a ser lentamente substituído pelos assentamentos mais longevos, e surgiram as primeiras comunidades sedentárias. Apareceram as primeiras organizações sociais, que levaram à hierarquia e ao governo. Houve uma centralização de poder, e nasceu a noção de propriedade. Surgiram as primeiras espadas. Nasceram então os primeiros reinos, os primeiros impérios, os exércitos e as guerras, os primeiros sacerdotes e aristocratas, prostitutas, escravos e cidades livres. Surgiram leis e moedas. E, com o desenvolvimento da escrita, começou a História propriamente dita."

CAPÍTULO 7 — EXTINÇÃO

— A extinção dos dinossauros abriu caminho para que os mamíferos pudessem prosperar. Todas as espécies de seres que já viveram tiveram fim para dar lugar a um novo renascimento — concluiu o Velho.

— E a espécie humana, seu Oriovistes, será que também vai ser extinta?

— Essa possibilidade com certeza existe! Temos atualmente armamento suficiente para destruir muitos planetas Terra; e altíssimos índices de corrupção em governos e corporações ao redor do mundo. Não só existe a possibilidade de sermos extintos, como existe a possibilidade de nos autoextinguirmos.

"Esse é o caminho da desunião. Este pensamento fragmentador encontra-se ultrapassado, superficial e derrotista para os dias de hoje, como quem diz e se conforta com isso: "A vida é assim. Assim são as coisas. Não podemos mudar o mundo...". Mesmo com todos os avanços, nossa abordagem sobre a nossa própria comunidade em um âmbito global e holístico continua estagnada. Nosso mundo é o que fazemos dele, nossa vida é o que fazemos dela, e todas as coisas são o que fazemos delas. A nova mentalidade do século XXI transcende para um novo renascer.

"Considere o seguinte, meu caro Kevin: com certeza, em um futuro geológico relativamente próximo, a espécie humana se deparará com cataclismos que colocarão à prova nosso reinado neste planeta e deixarão nossa civilização de joelhos, à beira da extinção. Vulcões gigantes, meteoros, terremotos, maremotos, inversões de polo magnético, nova era glacial, tudo isso junto, ou qualquer outra coisa. Pode não ser nos próximos cinquenta anos, ou talvez nem nos próximos quinhentos, mas, quando a janela de tempo se estende um pouco mais, para a casa dos milhares ou das dezenas de milhares de anos, não tenha dúvidas de que mais cedo ou mais tarde algo dessa magnitude terá lugar. Se isso é sabido, como podemos não nos unir perante a real ameaça que nos afronta?

"A perspectiva de um fim do tempo de vida habitável no planeta nos coloca sob a prospectiva de termos que combater a desigualdade para despertar a noção de pertencimento de humanidade e unir forças para avançar rumo à longevidade das futuras gerações e à exploração interestelar. Quanto mais perfeita a civilização, menos necessidade terá de um governo, porque mais capacidade terá para resolver seus próprios problemas e se autogovernar.

"Não estamos presos aqui na Terra, no sistema solar, ou na Via Láctea apenas espacialmente, mas também temporalmente dentro de uma bolha experimental. Experienciamos as sintonias das vibrações. Não existe sentimento solitário; se você sente algo, tenha absoluta certeza de que mais alguém também sente esse algo, como celulares se conectando."

CAPÍTULO 8 **INTERESTELAR**

Seguia o Velho Cantador dizendo ao jovem Kevin:

— Embora exista atualmente tecnologia para conectividade instantânea, a organização do paradigma sociopolítico impele o ser humano à desconexão do senso de comunidade e o imerge no individualismo. Vivemos uma inversão de valores. Há a possibilidade de dar início ao período holístico da humanidade, em que antigos antagonismos comecem a ser questionados em prol de ideais e valores realmente humanistas, como também há a possibilidade de autoaniquilação de nossa espécie.

"Já temos no planeta capacidade e recursos para produção de alimento mais do que suficiente para todos os mais de sete bilhões de pessoas que vivem na Terra. Impressiona que ainda haja tantas pessoas com fome e tanto desperdício de tudo.

"O que nos falta é união, é transcender a antiga mentalidade para encontrar uma gestão inteligente do potencial humano. Este não é um caminho utópico, pois a utopia é a perfeição, sabidamente inalcançável, por isso tomada apenas como nosso norte e oriente.

"Muitos dos problemas sistemáticos que parecem assolar a humanidade por gerações hão de desaparecer como nanogrãos soprados pelo vento... Inclinamo-nos para o caminho do cultivo do homem em toda a completude espectral de sua natureza (a exemplo da revolução educacional das novas instituições escolares experimentais ao redor do mundo), e, se assim for feito, os seres humanos não precisarão de leis nem de regras. Eles negarão a corrupção, a mentira e a violência, viverão pelo bem, pela união e pela comunidade.

"Todas as crianças têm a única obrigação de serem elas mesmas e serão o melhor que podem ser! A motivação humana para as grandes conquistas, os grandes avanços e desafios nunca foi o acúmulo monetário. Muito pelo contrário, o que move os seres humanos para as empreitadas mais custosas sempre são motivações de valores e ideologias que visam à melhoria na qualidade de vida da comunidade como um todo, motivações intrínsecas àquelas pessoas daquele momento vivendo naquele local, circunscritas naquela sociedade.

"Como seria agradável viver entre nós se a aparência fosse sempre a imagem das disposições do coração, se a decência fosse a virtude, se nossas máximas nos servissem de regras... A arte vem para celebrar a beleza da vida, o reconhecimento da ordem sagrada do Universo, para cantar a natureza profunda e comunicá-la àqueles que não podem ver por si próprios. Isso é saber celebrar!

"A inteligência artificial provavelmente nos auxiliará a responder nas próximas décadas à questão de como seguir um sistema socioeconômico melhor, mais humano e mais sustentável. Sem a ladainha de concluir que os humanos são o problema. Até mesmo os vírus, que são estritamente parasitas, têm o direito de viver tanto quanto qualquer outro ser.

"Se nossa intenção for sobreviver, devemos tomar o caminho da união humana, valorizar o bem-estar de todos os habitantes do planeta em harmonia, definir todos os recursos do planeta como bem comum a todos os cidadãos, colocando em xeque primitivas instituições e ideias segregacionistas atualmente irrelevantes, em prol de uma humanidade mais unida, mais saudável, mais amável, mais sustentável, mais inteligente, mais igualitária, mais produtiva, mais humana e mais eficiente do ponto de vista da civilização, da tecnologia e da exploração espacial.

"Imagine como seria a civilização humana daqui a seis mil anos. Será que já teremos colonizado o sistema solar? Será que terá se iniciado a era espacial em que os humanos começam a se distinguir do que somos hoje, ramificando-se em outras futuras espécies com adaptações espaciais? E se chegarmos a sessenta mil anos? Seiscentos mil? Será que encontraremos outra civilização, também espacial, para perguntar uns aos outros as questões fundamentais da filosofia e da natureza do Universo?"

— Eita, seu Oriovistes, o senhor está inspirado hoje, hein?

— A inspiração é toda sua, meu caro Bruno Kevin! Sempre um prazer prosear contigo!

Despediram-se cordialmente naquele final de tarde de quinta-feira.

CAPÍTULO 9 FINAL

Como de hábito, Kevin passara mais uma semana a refletir sobre os dizeres do Velho. "Com quase cem, acho que ele já deve ter visto de tudo mesmo", pensava com seus botões.

Às 13h00 de quinta-feira, Kevin foi à praça se encontrar com o Velho. Como sempre, estava bastante animado com algumas coisas que gostaria de perguntar a ele. Naquele dia seu Oriovistes não estava sentado no banco da praça.

Kevin esperou por alguns minutos e resolveu adentrar no bar do seu Aristides.

— Boa tarde, seu Aristides!

— É refrigerante ou o que hoje?

— Não, não, obrigado! O senhor por acaso viu o seu Oriovistes? Hoje é quinta-feira e ele não está no banco da praça!

— Oh, meu rapazinho, ele faleceu esta madrugada. O enterro já foi hoje cedo. Você gostava de prosear com ele, não é? Sinto muito, sinto muito mesmo. Força, amiguinho!

Kevin deixou o bar sem dar nem uma palavra. Estava desolado. Como assim, faleceu? "Não completaria os cem anos no mês que vem?!" Sentiu o cair de uma lágrima.

O garoto correu para o banco onde costumeiramente conversava com o Velho e desatou a chorar. Sentia tristeza e angústia. A perda era infinita, a dor o fazia engasgar entre os trancos de seu pranto.

Recordava nesse momento de frases do Velho: "O que é o mal senão o bem torturado, faminto e sedento?", "Tudo tem altos e baixos, picos e depressões, o ritmo é a compensação". Seu Oriovistes sempre falava dos ensinamentos daquele que tinha sido três vezes mago, o mestre do meu mestre[4].

Tantas perguntas que ficaram por fazer. No entanto, a lembrança dos dizeres do Velho vinha a ele com absoluta clareza, como se o Velho falasse dentro de sua cabeça, e acabou

---

4 Referência a *O Caibalion*, obra com os ensinamentos de Hermes Trismegistus.

por se acalmar. O garoto não conseguia deixar de lembrar de pensamentos e sentimentos completos dos momentos que compartilhara com seu Oriovistes.

Enxugou o rosto e concluiu: "Seu Oriovistes não iria gostar de me ver aqui chorando igual a uma criança; vou escrever um livro sobre ele". E, como que em um passe de mágica, recuperou o fôlego e voltou ao bar.

— Um refrigerante, seu Aristides, por favor — disse o garoto, sério.

— Você está bem, Kevin? — indagou o dono do bar, entregando-lhe uma lata de refrigerante. — Essa é por conta da casa.

— Vou ficar bem. Obrigado, seu Aristides!

Na porta do bar, após tomar o primeiro gole, Kevin se deparou com a garota do final da rua quase defronte dele.

— Perdão, fui tomar um gole de refrigerante e acho que acabei fechando os olhos, desculpa — disse o garoto de maneira confortável.

— Imagine, tudo bem, nem chegamos a nos trombar. Sempre te vejo por aqui. Meu nome é Aurora, satisfação!

— Bruno Kevin, muitíssimo prazer!

A garota sorriu e adentrou o bar do seu Aristides. O jovem saiu andando devagar, tentando digerir o que acabara de lhe acontecer. Algo em seu coração começou a ser germinado, como uma semente fecundada.

BIBLIOGRAFIA BÁSICA

EINSTEIN, Albert. *Teoria da relatividade.* L&PM, 2015.

GIBRAN, Khalil. *O profeta.* São Paulo: Planeta, 2019.

HAWKING, Stephen. *Uma breve história do tempo.* Rio de Janeiro: Intrínseca, 2015.

PLANCK, Max. *Autobiografia científica e outros ensaios.* Contraponto, 2020.

TRISMEGISTUS, Hermes. *O Caibalion — Três iniciados.* Alchemia, 2019.

VIDEOGRAFIA BÁSICA

2020 Nobel Prize Lecture — Roger Penrose. Disponível em: www.youtube.com/watch?v=DpPFn0qzYT0. Acesso em: 26 ago. 2021.

The Physics and Philosophy of Time — Carlos Rovelli. Disponível em: www.youtube.com/watch?v=-6rWqJhDv7M&t=335s. Acesso em: 26 ago. 2021.

Origins of the Universe — Cosmic Queries Startalk Podcast — Neil DeGrasse Tyson and Janna Levin. Disponível em: www.youtube.com/watch?v=_c5gIoh9Gpg. Acesso em: 26 ago. 2021.

Sabedoria Egípcia Hermética — Lúcia Helena Galvão — O Caibalion. Disponível em: www.youtube.com/watch?v=eqRV0K6bzrU&t=4479s. Acesso em: 26 ago. 2021.

Esta obra foi composta em Minion Pro 11,4 pt e impressa em
papel Pólen 80 g/m² pela gráfica Meta.